ASSOCIATION FRANÇAISE

POUR

L'AVANCEMENT DES SCIENCES

Fusionnéé avec

L'ASSOCIATION SCIENTIFIQUE DE FRANCE

(Fondée par Le Verrier en 1864)

Reconnues d'utilité publique

CONGRÈS DE CAEN

1894

M. H. DEMONFERRAND

CALENDRIER PERPÉTUEL

PARIS

AU SECRÉTARIAT DE L'ASSOCIATION

28, RUE SERPENTE

(Hôtel des Sociétés savantes)

ASSOCIATION FRANÇAISE
POUR L'AVANCEMENT DES SCIENCES

Fusionnée avec

L'ASSOCIATION SCIENTIFIQUE DE FRANCE
(Fondée par Le Verrier en 1864)

CONGRÈS DE CAEN — 1894

M. H. DEMONFERRAND

Inspecteur des Chemins de fer de l'État, en retraite, à Paris.

CALENDRIER PERPÉTUEL

— Séance du 10 août 1894 —

Les questions relatives au calendrier ont déjà fait l'objet de plusieurs mémoires communiqués à diverses époques aux 1re et 2e Sections de l'Association française pour l'avancement des sciences.

En 1883, au Congrès de Rouen, M. Édouard Lucas a présenté, sous le titre de *Calendrier perpétuel julien et grégorien*, une formule et des tableaux servant à calculer le jour de la semaine qui correspond à une date quelconque.

En 1889, au Congrès de Paris, M. Émile Vigarié a décrit, sous le nom de *Calendrier lunaire perpétuel*, un procédé pour déterminer, à l'aide de cercles mobiles, l'âge de la lune à une date quelconque.

Si ces travaux ne se sont pas vulgarisés plus promptement, malgré la fréquence des cas auxquels ils s'appliquent et la simplicité des méthodes, cela tient sans doute à ce que les opérations prescrites demandent un effort encore trop considérable. Aussi a-t-on cherché à présenter plutôt sous forme de calculs faits les bases ou caractéristiques particulières à chaque année, puis à déduire de ces caractéristiques la reconstitution complète du calendrier d'une année quelconque.

Les douze mois de l'année se composent chacun d'un nombre constant de jours, sauf le mois de février qui a tantôt 28 jours et tantôt 29. Il est donc toujours facile, connaissant le jour d'une date quelconque, de dresser un tableau de la succession des jours, depuis le 1er mars qui précède la date donnée jusqu'au 28 février qui la suit ; à cet effet, on inscrit d'abord les jours consécutifs à partir de la date indiquée ; arrivé au 28 février, on revient au 1er mars qui précède en remarquant que ces deux dates comportent un seul et même jour de la semaine, puisque les douze mois qui les séparent forment un ensemble de 365 jours, soit 52 semaines plus un jour. On continue donc l'inscription des jours depuis le 1er mars jusqu'à la date initiale, et on se trouve alors avoir dressé le calendrier complet de douze mois ; or, comme ce calendrier ne peut commencer que par l'un ou l'autre des jours de la semaine, il devient évident que tous les calendriers possibles, à la condition d'avoir leur origine au 1er mars, se réduisent à sept types, que l'on a même réussi à condenser en un seul tableau formant calendrier perpétuel *(Pl. I)*. Si l'on veut faire apparaître l'un des sept calendriers, on choisit une des échelles nos 1 à 7 et on y joint par la pensée les 31 lignes de jours placées à la hauteur des 31 quantièmes de l'échelle choisie. Dès que le choix est fait, on doit considérer comme n'existant pas toutes les autres échelles et lignes de jours, et supposer reportées sur la ligne 31 de l'échelle choisie les croix qui, dans le bas, indiquent les mois courts.

Les sept échelles peuvent être complétées ou même remplacées par une échelle unique dont le tracé est ci-joint. Cette échelle coulisse verticalement le long des lignes de jours et le calendrier qui correspond à chacune de ses positions est indiqué par le quantième, de 1 à 7, qu'elle vient présenter en regard du premier dimanche d'octobre, dimanche qui, pour servir d'index, est spécialement pointé dans sa case et aux deux extrémités de sa ligne de jours. Ainsi, pour obtenir le calendrier no 4, il suffit, soit de prendre l'échelle fixe no 4, soit d'amener le quantième 4 de l'échelle mobile à la hauteur de l'index.

INSTRUCTION

Le barème qui accompagne le calendrier fournit pour chaque année deux caractéristiques, D et L. On obtient celles de 1894, par exemple, en cherchant dans la colonne de gauche la dizaine 1890, à partir de laquelle on suit l'horizontale jusqu'à la colonne 4, où l'on trouve pour 1894, D = 7 et L = 21. Les deux points qui suivent certaines valeurs de D indiquent les années bissextiles.

Règle D. — La caractéristique D indique le numéro du dimanche, numéro qui est égal au quantième du premier dimanche d'octobre. Elle indique aussi le numéro du calendrier de l'année et sert à déterminer le jour d'une date quelconque : soit le 27 septembre 1599. Le barème indique pour 1599 D = 3 ; on descend donc l'échelle 3 jusqu'au quantième 27, dont on suit l'horizontale jusqu'à la colonne du mois de septembre, et l'on y trouve le jour cherché, lundi.

On ne doit d'ailleurs pas oublier que les mois de janvier et de février sont portés sur le calendrier à la suite des dix derniers mois de l'année qui les précède, et que leurs caractéristiques sont celles du calendrier et non de l'année dont ils font partie. Ainsi, étant donné le 14 février 1948, on cherche dans le barème 1947 et non 1948, ce qui donne $D = 5$; puis on est conduit par l'échelle 5, le quantième 14 et le mois de février au jour cherché, samedi.

Règle L. — La caractéristique L sert à déterminer les phases de la lune; elle représente la date de la pleine lune de Pâques et varie entre le 21 mars et le 18 avril, circonstance qui a permis de négliger dans le barème toute désignation de mois, puisque les dates de 21 à 31 appartiennent au mois de mars et celles de 1 à 18 au mois d'avril. Le 19 et le 20 ne se présentent jamais.

En partant de la date L sur le calendrier et en diminuant le quantième de un jour par mois, on trouve sur une même ligne droite oblique toutes les dates (à un jour près) des pleines lunes de l'année. Pour 1894, calendrier 7, la ligne des pleines lunes part du mercredi 21 mars et aboutit au dimanche 10 février. D'autres obliques, placées à huit et quinze jours de distance de la première, fourniraient les dates des trois autres phases pendant toute l'année.

Règle P. — Par la combinaison des deux caractéristiques, on obtient la date de Pâques, P. Le jour de Pâques étant le premier dimanche après la première pleine lune de printemps, on n'a qu'à chercher le jour de la date L, puis la date du dimanche suivant. Ainsi, pour 1894, D = 7 et L = 21; l'échelle 7 et le 21 mars accusent un mercredi, et le dimanche suivant est P = 25 mars. Cette opération peut s'effectuer presque instantanément, car les quatre cases à consulter sont généralement très voisines les unes des autres.

Après avoir déterminé Pâques, on trouve les autres fêtes mobiles en se reportant à sept semaines avant et après Pâques, ce qui conduit, dans le premier cas, au dimanche gras, 4 février 1894, lequel précède de trois jours le mercredi des Cendres, 7 février, et, dans le second cas, au dimanche de la Pentecôte, 13 mai, lequel suit à dix jours le jeudi de l'Ascension, 3 mai. La recherche des dates en février est simplifiée par la remarque que le dimanche gras, en février, est de même date qu'un dimanche de mars quand l'année est commune et de même date qu'un lundi de mars quand l'année est bissextile.

Un pointage sommaire au crayon peut faire ressortir sur le calendrier banal tous les détails spéciaux qui en font le calendrier d'une année donnée : on inscrit d'abord au-dessus du cadre l'année et ses caractéristiques. 1894 (7, 21); on met alors en relief le calendrier 7 en doublant la verticale à gauche de l'échelle 7, ainsi que les deux horizontales entre lesquelles sont compris les 31 quantièmes de cette échelle; puis on pointe L = 21 en menant une diagonale dans la case du 21 mars, calendrier 7, et en prolongeant cette diagonale à travers les douze mois; enfin, on désigne la case de Pâques par un double tiret, et celles du dimanche gras et de la Pentecôte par des tirets simples. Le mois de février 1894 ne figurant pas sur le calendrier de 1894, on reporte le tiret du 4 février en dehors de la colonne du mois de mars, vis-à-vis le dimanche 4 mars.

OBSERVATIONS

Pour calculer, vérifier ou prolonger le barème, on peut appliquer les méthodes décrites par les deux mémoires ci-dessus rappelés. On peut encore se servir des formules et des tables données par Delambre dans son *Traité d'Astronomie théorique et pratique*. De plus, il existe dans l'*Art de vérifier les dates* une table chronologique fournissant entre autres documents, pour chaque année de 1 à 2000 : 1° la lettre dominicale, qui se confond avec la caractéristique D si l'on fait correspondre respectivement les numéros 1, 2, 3, ... 7 avec les lettres A, B, C, ... G ; 2° le terme pascal, qui n'est autre chose que la caractéristique L. Les numéros du dimanche se reproduisent périodiquement identiques tous les 400 ans.

On a vu que, pour ramener à sept tous les types de calendriers, il a fallu faire commencer chacun d'eux au 1ᵉʳ mars. Cette dérogation aux habitudes traditionnelles présente par compensation l'avantage d'intercaler le jour complémentaire des années bissextiles entre deux calendriers qu'il ne trouble ni l'un ni l'autre, tandis que son intrusion dans le courant de l'année éternisait l'encombrement produit par les doubles lettres dominicales dans les calendriers perpétuels. En reportant au 1ᵉʳ mars le commencement du calendrier, sinon de l'année, c'est seulement à cette date qu'il y a lieu de se préoccuper des années bissextiles, qui d'ailleurs se signalent d'elles-mêmes par une lacune d'un jour de la semaine entre le 28 février et le 1ᵉʳ mars, lacune qui ne peut être comblée que par un 29 février, et qui ne se produit pas dans les années communes.

La règle L attribue aux quantièmes des pleines lunes une décroissance régulière de un jour par mois. La durée d'une lunaison, qui est de 29 jours et demi, ou plus exactement de 29 jours 5305887215, correspond à 59 jours pour deux lunaisons, ce qui, par rapport à deux mois consécutifs, l'un de 30 jours, l'autre de 31, ferait bien une différence de 61 — 59

2 jours en deux mois, soit un jour par mois; mais, outre l'erreur com-

mise en arrondissant la fraction ci-dessus, les mois ne présentent pas des alternatives régulières de 30 et 31 jours. On doit donc s'attendre à des écarts de un jour, quelquefois deux, dans les dates des phases de la lune ; mais aussi on profite de la simplification due à l'emploi des obliques, et d'ailleurs la plus importante des dates, celle de la pleine lune de Pâques, est toujours exacte puisqu'elle provient directement du barème.

Pour éviter toute hésitation dans le tracé des obliques à 8 et 15 jours de celle des pleines lunes, on prendra comme numéros des quatre obliques d'une même année ceux qui se correspondent dans le tableau ci-après ; les numéros 19 et 20, qui ne forment qu'une seule et même oblique, celle du 19 avril et du 20 mai, ne sont jamais alloués à la pleine lune, mais ils servent aux autres phases, notamment à la nouvelle lune pour les années où $L = 4$.

$$
\begin{array}{cccccccc}
1 & 2 & 3 & 4 & 4 & 5 & 6 & 7 \\
8 & 9 & 10 & 11 & 12 & 13 & 14 & 15 \\
16 & 17 & 18 & 19 & 20 & 21 & 22 & 23 \\
24 & 25 & 26 & 27 & 28 & 29 & 30 & 31
\end{array}
$$

Toute pleine lune au 1er du mois est suivie d'une pleine lune au 31, ou bien à un jour près, au 30 ou au 1er. Donc au point de vue des pleines lunes, le 31 et le 1er se confondent, et lorsque dans le pointage au crayon le tracé d'une oblique conduit au 1er d'un mois, on doit reprendre ce tracé au 31 du même mois ; si ce mois n'a que 30 jours, l'oblique reste au 31, mais la pleine lune est pour le 30 ou le 1er.

STYLE JULIEN

Le calendrier perpétuel ci-dessus décrit s'applique tout aussi bien au style julien qu'au style grégorien, seulement avec un autre barème dans lequel les numéros du dimanche se reproduisent périodiquement identiques tous les 700 ans. Le barème julien a donc été divisé en trois époques de 700 ans chacune, et les numéros du dimanche, indiqués seulement dans la troisième époque, servent aux deux premières avec des intervalles de 700 ou de 1400 ans. Les valeurs de L reviennent périodiquement par séries de 19 ans, et avec le même rang dans le siècle par séries de 19 siècles.

Par suite de la réforme grégorienne, le calendrier a franchi subitement 10 jours, du 4 au 15 octobre 1582, et les années séculaires à partir de cette date sont devenues communes, sauf une sur 4, celle dont les deux premiers chiffres forment un multiple de 4. Ainsi les années séculaires sont toutes bissextiles dans le style julien, tandis que dans le style grégorien, il n'y a de bissextiles que les années 1600, 2000, 2400 ..., etc.

Ces données permettent d'établir la concordance des styles comme l'indique le tableau ci-joint, qui démontre que, pour une même journée, les deux styles sont constamment d'accord quant au jour de la semaine, bien qu'ils présentent sur les quantièmes des différences de 10, 11, 12 … jours. Si l'on prend, par exemple, le 10 août 1894 grégorien, la différence (de 12 jours entre 1800 et 1900) fait qu'il correspond au 29 juillet julien. Or, d'après le barème julien, en 1894 D = 2, donc le 29 juillet est un vendredi. D'autre part, d'après le barème grégorien, en 1894 D = 7, donc le 10 août est aussi un vendredi.

Dans le calendrier grégorien, la date du 20 mars est maintenue très voisine de l'équinoxe, alors que dans le calendrier julien ces dates peuvent être à une distance de 10, 11, 12 … jours. Il en résulte que la pleine lune de Pâques est toujours la première du printemps dans le style grégorien, tandis qu'elle peut n'être que la seconde dans le style julien.

CONCORDANCE DES STYLES

ANNÉES	STYLE JULIEN	STYLE GRÉGORIEN	DIFFÉRENCE
1582	Jeudi 4 octobre.	Jeudi 4 octobre.	0
"	Vendredi 5 octobre.	Vendredi 15 octobre.	10 jrs.
1700	Mercredi 28 février.	Mercredi 10 mars.	10
"	Jeudi 29 février.	Jeudi 11 mars.	11
1800	Mardi 28 février.	Mardi 11 mars.	11
"	Mercredi 29 février.	Mercredi 12 mars.	12
1900	Lundi 28 février.	Lundi 12 mars.	12
"	Mardi 29 février.	Mardi 13 mars.	13
2100	Samedi 28 février.	Samedi 13 mars.	13
"	Dimanche 29 février.	Dimanche 14 mars.	14

CALENDRIER DE BUREAU. — On dispose encore le calendrier perpétuel sous une autre forme, qui comporte un cadre fixe pour les mois et les quantièmes, plus deux parties mobiles dont l'une est le tableau des jours et l'autre le graphique des phases. Pour que ce calendrier devienne celui d'une année quelconque, on n'a qu'à prendre dans le barème les deux caractéristiques D et L de ladite année, puis à mettre le tableau des jours au point D et le graphique des phases au point L. Ce modèle plus fini, avec toutes les diversités artistiques ou autres dont il est susceptible, constitue plus spécialement le calendrier de bureau, tandis que le premier reste préférable comme calendrier de poche.

IMPRIMERIE CHAIX, RUE BERGÈRE, 20, PARIS. — 6920-3-95.

me des cara
(Style jul

Échelle mobile   (voir au dos).

On découpe l'échelle suivant son rectangle extérieur, puis on plie le papier sur les deux lignes verticales ; on obtient alors une languette triple, dont on abat les angles afin que les bouts, ainsi rétrécis, passent plus aisément dans les deux entailles horizontales tracées en haut et en bas de la dernière colonne du calendrier.

E. Morieu . Sc.

3	4	5	6	7	8	9	
L	L	L	L	L	L	L	
5	25	13	2	22	10	30	Childebert III
15	4	24	12	1	21	9	Dagobert II
25	13	2	22	10	30	18	Chilpéric II
4	24	12	1	21	9	29	Thierry II
13	2	22	10	30	18	7	Childéric III
24	12	1	21	9	29	17	Pépin-le-Bref
2	22	10	30	18	7	27	Carloman
12	1	21	9	29	17	5	Charlemagne
22	10	30	18	7	27	15	
1	21	9	29	17	5	25	
10	30	18	7	27	15	4	
21	9	29	17	5	25	13	Louis 1er
30	18	7	27	15	4	24	
9	29	17	5	25	13	2	
18	7	27	15	4	24	12	Charles II
29	17	5	25	13	2	22	
7	27	15	4	24	12	1	Louis II
17	5	25	13	2	22	10	Louis III
27	15	4	24	12	1	21	Eudes
5	25	13	2	22	10	30	Charles III
15	4	24	12	1	21	9	
25	13	2	22	10	30	18	
4	24	12	1	21	9	29	Robert 1er
13	2	22	10	30	18	7	Louis IV
24	12	1	21	9	29	17	
2	22	10	30	18	7	27	Lothaire
12	1	21	9	29	17	5	
22	10	30	18	7	27	15	Louis V
1	21	9	29	17	5	25	Hugues Capet
10	30	18	7	27	15	4	Robert II
21	9	29	17	5	25	13	
30	18	7	27	15	4	24	
9	29	17	5	25	13	2	
18	7	27	15	4	24	12	Henri 1er
29	17	5	25	13	2	22	
7	27	15	4	24	12	1	Philippe 1er
17	5	25	13	2	22	10	
27	15	4	24	12	1	21	
5	25	13	2	22	10	30	
15	4	24	12	1	21	9	
25	13	2	22	10	30	18	Louis VI
4	24	12	1	21	9	29	
13	2	22	10	30	18	7	Louis VII
24	12	1	21	9	29	17	
2	22	10	30	18	7	27	
12	1	21	9	29	17	5	
22	10	30	18	7	27	15	
1	21	9	29	17	5	25	
10	30	18	7	27	15	4	Philippe II
21	9	29	17	5	25	13	
30	18	7	27	15	4	24	
9	29	17	5	25	13	2	
18	7	27	15	4	24	12	Louis VIII
29	17	5	25	13	2	22	Louis IX
7	27	15	4	24	12	1	
17	5	25	13	2	22	10	
27	15	4	24	12	1	21	
5	25	13	2	22	10	30	Philippe III
15	4	24	12	1	21	9	Philippe IV
25	13	2	22	10	30	18	
4	24	12	1	21	9	29	Louis X
13	2	22	10	30	18	7	Philippe V
24	12	1	21	9	29	17	Charles IV
2	22	10	30	18	7	27	Philippe VI
12	1	21	9	29	17	5	
22	10	30	18	7	27	15	Jean II
1	21	9	29	17	5	25	Charles V
10	30	18	7	27	15	4	
21	9	29	17	5	25	13	Charles VI
30	18	7	27	15	4	24	

Barême des caractéristiques
(Style grégorien).

CALENDRIER PERPÉTUEL
julien et grégorien.

Barême des caractéristiques (Style grégorien)

Dizaines d'années	0 D	0 L	1 D	1 L	2 D	2 L	3 D	3 L	4 D	4 L	5 D	5 L	6 D	6 L	7 D	7 L	8 D	8 L	9 D	9 L	
1580						3	2	6	7:	26	6	14	5	3	4	23	2:	11	1	31	Henri IV
1590	7	18	6	8	4:	28	3	16	2	5	1	25	6:	12	5	1	4	21	3	9	
1600	1:	29	7	17	6	6	5	26	3:	14	2	3	1	23	7	11	5:	31	4	18	
1610	3	8	2	28	7:	16	6	5	5	25	4	12	2:	1	1	21	7	9	6	29	Louis XIII
1620	4:	17	3	6	2	26	1	14	6:	3	5	23	4	11	3	31	1:	18	7	8	
1630	6	28	5	16	3:	5	2	25	1	12	7	1	5:	21	4	9	3	29	2	17	
1640	7:	6	6	26	5	14	4	3	2:	23	1	11	7	31	6	18	4:	8	3	28	Louis XIV
1650	2	16	1	5	6:	25	5	12	4	1	3	21	1:	9	7	29	6	17	5	6	
1660	3:	26	2	14	1	3	7	23	5:	11	4	31	3	18	2	8	7:	28	6	16	
1670	5	5	4	25	2:	12	1	1	7	21	6	9	4:	29	3	17	2	6	1	26	
1680	6:	14	5	3	4	23	3	11	1:	31	7	18	6	8	5	28	3:	16	2	5	
1690	1	25	7	12	5:	1	4	21	3	9	2	29	7:	17	6	6	5	26	4	14	
1700	3	4	2	24	1	12	7	1	5:	21	4	9	3	29	2	17	7:	6	6	26	
1710	5	13	4	2	2:	22	1	10	7	30	6	18	4:	7	3	27	2	15	1	4	Louis XV
1720	6:	24	5	12	4	1	3	21	1:	9	7	29	6	17	5	6	3:	26	2	13	
1730	1	2	7	22	5:	10	4	30	3	18	2	7	7:	27	6	15	5	4	4	24	
1740	2:	12	1	1	7	21	6	9	4:	29	3	17	2	6	1	26	6:	13	5	2	
1750	4	22	3	10	1:	30	7	18	6	7	5	27	3:	15	2	4	1	24	7	12	
1760	5:	1	4	21	3	9	2	29	7:	17	6	6	5	26	4	13	2:	2	1	22	
1770	7	10	6	30	4:	18	3	7	2	27	1	15	6:	4	5	24	4	12	3	1	Louis XVI
1780	1:	21	7	9	6	29	5	17	3:	6	2	26	1	13	7	2	5:	22	4	10	
1790	3	30	2	18	7:	7	6	27	5	15	4	4	2:	24	1	12	7	1	6	21	République
1800	5	9	4	27	3	17	2	6	7:	26	6	13	5	2	4	22	2:	10	1	30	Napoléon 1er
1810	7	16	6	7	4:	27	3	15	2	4	1	24	6:	12	5	1	4	21	3	9	Louis XVIII
1820	1:	29	7	17	6	6	5	26	3:	13	2	22	1	27	7	10	5:	30	4	18	Charles X
1830	3	7	2	27	1:	15	6	4	5	24	4	12	2:	1	1	21	7	9	6	29	Louis-Philippe
1840	4:	17	3	6	2	26	1	13	6:	2	5	22	4	10	3	30	1:	18	7	7	République
1850	6	28	5	15	3:	4	2	24	1	12	7	1	5:	21	4	9	3	29	2	17	Napoléon III
1860	7:	6	6	26	5	13	4	2	2:	22	1	10	7	30	6	18	4:	7	3	27	
1870	2	16	1	4	6:	24	5	12	4	1	3	21	1:	9	7	29	6	17	5	5	République
1880	3:	26	2	13	1	2	7	22	5:	10	4	30	3	18	2	7	7:	27	6	15	
1890	5	4	4	24	2:	12	1	1	7	21	6	9	4:	29	3	17	2	6	1	26	
1900	7	14	6	3	5	23	4	11	2:	31	1	18	7	8	6	26	4:	16	3	5	
1910	2	3	1	13	6:	2	5	22	4	10	3	30	1:	18	7	8	6	27	5	14	
1920	3	23	2	3	7:	23	1	7	7	31	6	18	4:	8	3	28	2	16	1	5	
1930	5	13	4	2	2:	22	1	10	7	31	6	19	4:	7	3	27	2	15	1	3	
1940	6:	23	5	11	4	31	3	18	1:	8	7	28	6	16	5	5	3:	25	2	13	
1950	1	2	7	22	5:	10	4	30	3	18	2	7	7:	27	6	15	5	4	4	24	
1960	2:	11	1	31	7	18	6	8	4:	28	3	16	2	5	1	25	6:	13	5	2	
1970	4	22	3	10	1:	30	7	18	6	7	5	27	3:	15	2	4	1	23	7	11	
1980	5:	31	4	18	3	8	2	28	7:	16	6	6	5	25	4	13	2:	2	1	22	
1990	7	10	6	30	4:	18	3	7	2	27	1	15	6:	4	5	24	4	12	3	1	
2000	1:	18	7	9	6	29	5	17	3:	6	2	26	1	14	7	3	5:	23	4	11	
2010	3	31	2	18	7:	18	6	5	5	28	4	15	2:	4	1	24	7	12	6	1	
2020	4:	18	3	6	2	26	1	13	6:	2	5	22	4	10	3	30	1:	18	7	7	
2030	6	18	5	17	3:	6	2	26	1	14	7	3	5:	23	4	11	3	31	2	18	
2040	2	28	1	17	6:	5	5	25	4	13	3	2	1:	22	7	10	6	30	5	18	
2050	3	17	2	6	7:	26	6	14	5	3	4	23	2:	11	1	1	7	21	6	9	
2060	5:	28	4	16	3	6	2	26	7:	14	6	3	5	23	4	11	2:	31	1	18	
2070	7	8	6	28	4:	16	3	5	2	25	1	13	6:	2	5	22	4	10	3	30	
2080	6:	18	5	26	4	16	3	4	1:	23	7	11	6	31	5	18	3:	8	2	26	
2090	1	15	7	4	5:	24	4	12	3	1	2	21	7:	9	6	29	5	17	4	6	

Calendrier perpétuel julien et grégorien — Échelles

N°	1	2	3	4	5	6	7	Mars	Avril	Mai	Juin	Juillet	Août	Septembre	Octobre	Novembre	Décembre	Janvier	Février	Échelle mobile
							1	J	D	M	V	D	M	S	L	J	S	M	V	
						1	2	V	L	M	S	L	J	D	M	V	D	M	S	
					1	2	3	S	M	J	D	M	V	L	M	S	L	J	D	
				1	2	3	4	D	M	V	L	M	S	M	J	D	M	V	L	
			1	2	3	4	5	L	J	S	M	J	D	M	V	L	M	S	M	
		1	2	3	4	5	6	M	V	D	M	V	L	J	S	M	J	D	M	
	1	2	3	4	5	6	7	M	S	L	J	S	M	V	D	M	V	L	J	
	2	3	4	5	6	7	8	J	D	M	V	D	M	S	L	J	S	M	V	
	3	4	5	6	7	8	9	V	L	M	S	L	J	D	M	V	D	M	S	
	4	5	6	7	8	9	10	S	M	J	D	M	V	L	M	S	L	J	D	
	5	6	7	8	9	10	11	D	M	V	L	M	S	M	J	D	M	V	L	
	6	7	8	9	10	11	12	L	J	S	M	J	D	M	V	L	M	S	M	
	7	8	9	10	11	12	13	M	V	D	M	V	L	J	S	M	J	D	M	
	8	9	10	11	12	13	14	M	S	L	J	S	M	V	D	M	V	L	J	
	9	10	11	12	13	14	15	J	D	M	V	D	M	S	L	J	S	M	V	
	10	11	12	13	14	15	16	V	L	M	S	L	J	D	M	V	D	M	S	
	11	12	13	14	15	16	17	S	M	J	D	M	V	L	M	S	L	J	D	
	12	13	14	15	16	17	18	D	M	V	L	M	S	M	J	D	M	V	L	
	13	14	15	16	17	18	19	L	J	S	M	J	D	M	V	L	M	S	M	
	14	15	16	17	18	19	20	M	V	D	M	V	L	J	S	M	J	D	M	
	15	16	17	18	19	20	21	M	S	L	J	S	M	V	D	M	V	L	J	
	16	17	18	19	20	21	22	J	D	M	V	D	M	S	L	J	S	M	V	
	17	18	19	20	21	22	23	V	L	M	S	L	J	D	M	V	D	M	S	
	18	19	20	21	22	23	24	S	M	J	D	M	V	L	M	S	L	J	D	
	19	20	21	22	23	24	25	D	M	V	L	M	S	M	J	D	M	V	L	
	20	21	22	23	24	25	26	L	J	S	M	J	D	M	V	L	M	S	M	
	21	22	23	24	25	26	27	M	V	D	M	V	L	J	S	M	J	D	M	
	22	23	24	25	26	27	28	M	S	L	J	S	M	V	D	M	V	L	J	
	23	24	25	26	27	28	29	J	D	M	V	D	M	S	L	J	S	M	V	
	24	25	26	27	28	29	30	V	L	M	S	L	J	D	M	V	D	M	S	
	25	26	27	28	29	30	31	S	M	J	D	M	V	L	M	S	L	J	D	
	26	27	28	29	30	31		D	M	V	L	M	S	M	J	D	M	V	L	
	27	28	29	30	31			L	J	S	M	J	D	M	V	L	M	S	M	
	28	29	30	31				M	V	D	M	V	L	J	S	M	J	D	M	
	29	30	31					M	S	L	J	S	M	V	D	M	V	L	✗	
	30	31						J	D	M	V	D	M	S	L	J	S	M	✗	
	31							V	✗	M	✗	L	J	✗	M	✗	D	M	✗	

Échelle mobile (voir au dos).

On découpe l'échelle suivant son rectangle extérieur, puis on plie le papier sur les deux lignes verticales ; on obtient alors une languette triple, dont on abat les angles afin que les bouts, ainsi rétrécis, passent plus aisément dans les deux entailles horizontales tracées en haut et en bas de la dernière colonne du calendrier.

E. Morieu sc.

Barême des caractéristiques
(Style julien).

Échelle mobile *(voir au dos)*

1
2
3
4
5
6
7
8
9
10
11
12
13
14
15
16
17
18
19
20
21
22
23
24
25
26
27
28
29
30
31

Dizaines d'années (L)

Années	0	1	2	3	4	5	6	7	8	9	Rois
0 0 0		25	13	2	27	10	30	18	7	27	
0 1 0	15	4	24	12	1	21	9	29	17	5	
0 2 0	25	13	2	27	10	30	18	7	27	15	
0 3 0	4	24	12	1	21	9	29	17	5	25	
0 4 0	13	2	22	10	30	18	7	27	15	4	
0 5 0	24	12	1	21	9	29	17	5	25	13	
0 6 0	2	22	10	30	18	7	27	15	4	24	
0 7 0	12	1	21	9	29	17	5	25	13	2	
0 8 0	22	10	30	18	7	27	15	4	24	12	
0 9 0	1	21	9	29	17	5	25	13	2	22	
1 0 0	10	30	18	7	27	15	4	24	12	1	
1 1 0	21	9	29	17	5	25	13	2	22	10	
1 2 0	30	18	7	27	15	4	24	12	1	21	
1 3 0	9	29	17	5	25	13	2	22	10	30	
1 4 0	18	7	27	15	4	24	12	1	21	9	
1 5 0	29	17	5	25	13	2	22	10	30	18	
1 6 0	7	27	15	4	24	12	1	21	9	29	
1 7 0	17	5	25	13	2	22	10	30	18	7	
1 8 0	27	15	4	24	12	1	21	9	29	17	
1 9 0	5	25	13	2	22	10	30	18	7	27	
2 0 0	15	4	24	12	1	21	9	29	17	5	
2 1 0	25	13	2	22	10	30	18	7	27	15	
2 2 0	4	24	12	1	21	9	29	17	5	25	
2 3 0	13	2	22	10	30	18	7	27	15	4	
2 4 0	24	12	1	21	9	29	17	5	25	13	
2 5 0	2	22	10	30	18	7	27	15	4	24	
2 6 0	12	1	21	9	29	17	5	25	13	2	
2 7 0	22	10	30	18	7	27	15	4	24	12	
2 8 0	1	21	9	29	17	5	25	13	2	22	
2 9 0	10	30	18	7	27	15	4	24	12	1	
3 0 0	21	9	29	17	5	25	13	2	22	10	
3 1 0	30	18	7	27	15	4	24	12	1	21	
3 2 0	9	29	17	5	25	13	2	22	10	30	
3 3 0	18	7	27	15	4	24	12	1	21	9	
3 4 0	29	17	5	25	13	2	22	10	30	18	
3 5 0	7	27	15	4	24	12	1	21	9	29	
3 6 0	17	5	25	13	2	22	10	30	18	7	
3 7 0	27	15	4	24	12	1	21	9	29	17	
3 8 0	5	25	13	2	22	10	30	18	7	27	
3 9 0	15	4	24	12	1	21	9	29	17	5	
4 0 0	25	13	2	22	10	30	18	7	27	15	
4 1 0	4	24	12	1	21	9	29	17	5	25	
4 2 0	13	2	22	10	30	18	7	27	15	4	Pharamond
4 3 0	24	12	1	21	9	29	17	5	25	13	Clodion
4 4 0	2	22	10	30	18	7	27	15	4	24	Mérovée
4 5 0	12	1	21	9	29	17	5	25	13	2	Childéric Ier
4 6 0	22	10	30	18	7	27	15	4	24	12	
4 7 0	1	21	9	29	17	5	25	13	2	22	
4 8 0	10	30	18	7	27	15	4	24	12	1	Clovis Ier
4 9 0	21	9	29	17	5	25	13	2	22	10	
5 0 0	30	18	7	27	15	4	24	12	1	21	
5 1 0	9	29	17	5	25	13	2	22	10	30	Childebert Ier
5 2 0	18	7	27	15	4	24	12	1	21	9	
5 3 0	29	17	5	25	13	2	22	10	30	18	
5 4 0	7	27	15	4	24	12	1	21	9	29	
5 5 0	17	5	25	13	2	22	10	30	18	7	Clotaire Ier
5 6 0	27	15	4	24	12	1	21	9	29	17	Caribert
5 7 0	5	25	13	2	22	10	30	18	7	27	Chilpéric Ier
5 8 0	15	4	24	12	1	21	9	29	17	5	Clotaire II
5 9 0	25	13	2	22	10	30	18	7	27	15	
6 0 0	4	24	12	1	21	9	29	17	5	25	
6 1 0	13	2	22	10	30	18	7	27	15	4	
6 2 0	24	12	1	21	9	29	17	5	25	13	Dagobert Ier
6 3 0	2	22	10	30	18	7	27	15	4	24	Clovis II
6 4 0	12	1	21	9	29	17	5	25	13	2	
6 5 0	22	10	30	18	7	27	15	4	24	12	Clotaire III
6 6 0	1	21	9	29	17	5	25	13	2	22	
6 7 0	10	30	18	7	27	15	4	24	12	1	Childéric II
6 8 0	21	9	29	17	5	25	13	2	22	10	Thierry Ier
6 9 0	30	18	7	27	15	4	24	12	1	21	Clovis III
7 0 0	9	29	17	5	25	13	2	22	10	30	Childebert III
7 1 0	18	7	27	15	4	24	12	1	21	9	Dagobert II
7 2 0	29	17	5	25	13	2	22	10	30	18	Chilpéric II
7 3 0	7	27	15	4	24	12	1	21	9	29	Thierry II
7 4 0	17	5	25	13	2	22	10	30	18	7	Childéric III
7 5 0	27	15	4	24	12	1	21	9	29	17	Pépin-le-Bref
7 6 0	5	25	13	2	22	10	30	18	7	27	Carloman
7 7 0	15	4	24	12	1	21	9	29	17	5	Charlemagne
7 8 0	25	13	2	22	10	30	18	7	27	15	
7 9 0	4	24	12	1	21	9	29	17	5	25	
8 0 0	13	2	22	10	30	18	7	27	15	4	
8 1 0	24	12	1	21	9	29	17	5	25	13	Louis Ier
8 2 0	2	22	10	30	18	7	27	15	4	24	
8 3 0	12	1	21	9	29	17	5	25	13	2	
8 4 0	22	10	30	18	7	27	15	4	24	12	Charles II
8 5 0	1	21	9	29	17	5	25	13	2	22	
8 6 0	10	30	18	7	27	15	4	24	12	1	Louis II
8 7 0	21	9	29	17	5	25	13	2	22	10	Louis III
8 8 0	30	18	7	27	15	4	24	12	1	21	Eudes
8 9 0	9	29	17	5	25	13	2	22	10	30	Charles III
9 0 0	18	7	27	15	4	24	12	1	21	9	
9 1 0	29	17	5	25	13	2	22	10	30	18	
9 2 0	7	27	15	4	24	12	1	21	9	29	Robert Ier
9 3 0	17	5	25	13	2	22	10	30	18	7	Louis IV
9 4 0	27	15	4	24	12	1	21	9	29	17	
9 5 0	5	25	13	2	22	10	30	18	7	27	Lothaire
9 6 0	15	4	24	12	1	21	9	29	17	5	
9 7 0	25	13	2	22	10	30	18	7	27	15	Louis V
9 8 0	4	24	12	1	21	9	29	17	5	25	Hugues Capet
9 9 0	13	2	22	10	30	18	7	27	15	4	Robert II
10 0 0	24	12	1	21	9	29	17	5	25	13	
10 1 0	2	22	10	30	18	7	27	15	4	24	
10 2 0	12	1	21	9	29	17	5	25	13	2	
10 3 0	22	10	30	18	7	27	15	4	24	12	Henri Ier
10 4 0	1	21	9	29	17	5	25	13	2	22	
10 5 0	10	30	18	7	27	15	4	24	12	1	
10 6 0	21	9	29	17	5	25	13	2	22	10	Philippe Ier
10 7 0	30	18	7	27	15	4	24	12	1	21	
10 8 0	9	29	17	5	25	13	2	22	10	30	
10 9 0	18	7	27	15	4	24	12	1	21	9	
11 0 0	29	17	5	25	13	2	22	10	30	18	Louis VI
11 1 0	7	27	15	4	24	12	1	21	9	29	
11 2 0	17	5	25	13	2	22	10	30	18	7	
11 3 0	27	15	4	24	12	1	21	9	29	17	Louis VII
11 4 0	5	25	13	2	22	10	30	18	7	27	
11 5 0	15	4	24	12	1	21	9	29	17	5	
11 6 0	25	13	2	22	10	30	18	7	27	15	
11 7 0	4	24	12	1	21	9	29	17	5	25	
11 8 0	13	2	22	10	30	18	7	27	15	4	Philippe II
11 9 0	24	12	1	21	9	29	17	5	25	13	
12 0 0	2	22	10	30	18	7	27	15	4	24	
12 1 0	12	1	21	9	29	17	5	25	13	2	
12 2 0	22	10	30	18	7	27	15	4	24	12	Louis VIII
12 3 0	1	21	9	29	17	5	25	13	2	22	Louis IX
12 4 0	10	30	18	7	27	15	4	24	12	1	
12 5 0	21	9	29	17	5	25	13	2	22	10	
12 6 0	30	18	7	27	15	4	24	12	1	21	
12 7 0	9	29	17	5	25	13	2	22	10	30	Philippe III
12 8 0	18	7	27	15	4	24	12	1	21	9	Philippe IV
12 9 0	29	17	5	25	13	2	22	10	30	18	
13 0 0	7	27	15	4	24	12	1	21	9	29	Louis X
13 1 0	17	5	25	13	2	22	10	30	18	7	Philippe V
13 2 0	27	15	4	24	12	1	21	9	29	17	Charles IV
13 3 0	5	25	13	2	22	10	30	18	7	27	Philippe VI
13 4 0	15	4	24	12	1	21	9	29	17	5	
13 5 0	25	13	2	22	10	30	18	7	27	15	Jean II
13 6 0	4	24	12	1	21	9	29	17	5	25	Charles V
13 7 0	13	2	22	10	30	18	7	27	15	4	
13 8 0	24	12	1	21	9	29	17	5	25	13	Charles VI
13 9 0	2	22	10	30	18	7	27	15	4	24	

Siècles de même caractère D.

Siècles	Dizaines d'années	0 D	0 L	1 D	1 L	2 D	2 L	3 D	3 L	4 D	4 L	5 D	5 L	6 D	6 L	7 D	7 L	8 D	8 L	9 D	9 L	Rois
0 et 700	1 4 0 0	3	12	7	1	1	21	7	9	5	29	4	17	3	5	2	25	7	13	6	2	
	1 4 1 0	5	22	4	10	2	30	1	18	7	7	6	27	4	15	3	4	2	24	1	12	
	1 4 2 0	6	1	5	21	4	9	3	28	1	17	7	5	6	25	5	13	3	2	2	22	Charles VII
	1 4 3 0	7	10	7	30	5	18	4	7	3	27	2	15	1	4	6	24	5	12	4	1	
	1 4 4 0	2	21	1	9	7	29	6	17	4	5	3	25	2	13	1	2	6	22	5	10	
	1 4 5 0	4	30	3	18	1	7	7	27	6	15	5	4	3	24	2	12	1	1	7	21	
	1 4 6 0	5	9	4	29	3	17	2	5	7	25	6	13	5	2	4	22	2	10	1	30	Louis XI
	1 4 7 0	7	18	6	7	4	27	3	15	2	4	1	24	6	12	5	1	4	21	3	9	
	1 4 8 0	1	29	7	17	6	5	5	25	3	13	2	2	1	22	7	10	5	30	4	18	Charles VIII
	1 4 9 0	3	7	2	27	7	15	6	4	5	24	4	12	2	1	1	21	7	9	6	29	Louis XII
100 et 800	1 5 0 0	4	17	3	5	2	25	1	13	6	2	5	22	4	10	3	30	1	18	7	7	
	1 5 1 0	6	27	5	15	3	4	2	24	1	12	7	1	5	21	4	9	3	29	2	17	François Ier
	1 5 2 0	7	5	6	25	5	13	4	2	2	22	1	10	7	30	6	18	4	7	3	21	
	1 5 3 0	2	15	1	4	6	24	5	12	4	1	3	21	1	9	7	29	6	17	5	5	
	1 5 4 0	3	25	2	13	1	2	7	22	5	10	4	30	3	18	2	7	7	27	6	15	Henri II
	1 5 5 0	5	4	4	24	2	12	1	1	7	21	6	9	4	29	3	17	2	5	1	25	François II
	1 5 6 0	6	13	5	2	4	22	3	10	1	30	7	18	6	7	5	27	3	15	2	4	Charles IX
	1 5 7 0	1	24	7	12	5	1	4	21	3	9	2	29	7	17	6	5	5	25	4	13	Henri III
	1 5 8 0	2	2	1	22	7	10	6	30	4	18	3	7	2	27	1	15	6	4	5	24	Henri IV
	1 5 9 0	4	12	3	1	1	21	7	9	6	29	5	17	3	5	2	25	1	13	7	2	
200 et 900	1 6 0 0	5	22	4	10	3	30	2	18	7	7	6	27	5	15	4	4	2	24	1	12	
	1 6 1 0	7	1	6	21	4	9	3	29	2	17	1	5	6	25	5	13	4	2	3	22	Louis XIII
	1 6 2 0	1	10	7	30	6	18	5	7	3	27	2	15	1	4	7	24	5	12	4	1	
	1 6 3 0	3	21	2	9	7	29	6	17	5	5	4	25	2	13	1	2	7	22	6	10	
	1 6 4 0	4	30	3	18	2	7	1	27	6	15	5	4	4	24	3	12	1	1	7	21	Louis XIV
	1 6 5 0	6	9	5	29	3	17	2	5	1	25	7	13	5	2	4	22	3	10	2	30	
	1 6 6 0	7	18	6	7	5	27	4	15	2	4	1	24	7	12	6	1	4	21	3	9	
	1 6 7 0	2	29	1	17	6	5	5	25	4	13	3	2	1	22	7	10	6	30	5	18	
	1 6 8 0	3	7	2	27	1	15	7	4	5	24	4	12	3	1	2	21	7	9	6	29	
	1 6 9 0	5	17	4	5	2	25	1	13	7	2	6	22	4	10	3	30	2	18	1	7	
300 et 1000	1 7 0 0	6	27	5	15	4	4	3	24	1	12	7	1	6	21	5	9	3	29	2	17	
	1 7 1 0	1	5	7	25	5	13	4	2	3	22	2	10	7	30	6	18	5	7	4	27	Louis XV
	1 7 2 0	2	15	1	4	7	24	6	12	4	1	3	21	2	9	1	29	6	17	5	5	
	1 7 3 0	4	25	3	13	1	2	7	22	6	10	5	30	3	18	2	7	1	27	7	15	
	1 7 4 0	5	4	4	24	3	12	2	1	7	21	6	9	5	29	4	17	2	5	1	25	
	1 7 5 0	7	13	6	2	4	22	3	10	2	30	1	18	6	7	5	27	4	15	3	4	
	1 7 6 0	1	24	7	12	6	1	5	21	3	9	2	29	1	17	7	5	5	25	4	13	
	1 7 7 0	3	2	2	22	7	10	6	30	5	18	4	7	2	27	1	15	7	4	6	24	Louis XVI
	1 7 8 0	4	12	3	1	2	21	1	9	6	29	5	17	4	5	3	25	1	13	7	2	
	1 7 9 0	6	22	5	10	3	30	2	18	1	7	7	27	5	15	4	4	3	24	2	12	République
400 et 1100	1 8 0 0	7	1	6	21	5	9	4	29	2	17	1	5	7	25	6	13	4	2	3	22	Napoléon Ier
	1 8 1 0	2	10	1	30	6	18	5	7	4	27	3	15	1	4	7	24	6	12	5	1	Louis XVIII
	1 8 2 0	3	21	2	9	1	23	7	17	5	5	4	25	3	13	2	2	7	22	6	10	Charles X
	1 8 3 0	5	30	4	18	2	7	1	27	7	15	6	4	4	24	3	12	2	1	1	21	Louis-Philippe
	1 8 4 0	6	9	5	29	4	17	3	5	1	25	7	13	6	2	5	27	3	10	2	30	République
	1 8 5 0	1	18	7	7	5	27	4	15	3	4	2	24	7	12	6	1	5	21	4	9	Napoléon III
	1 8 6 0	2	29	1	17	7	5	6	25	4	13	3	2	2	22	1	10	6	30	5	18	
	1 8 7 0	4	7	3	27	1	15	7	4	5	24	4	12	3	1	2	21	1	9	7	29	République
	1 8 8 0	5	17	4	5	3	25	2	13	7	2	6	22	5	10	4	30	2	18	1	7	
	1 8 9 0	7	27	6	15	4	4	3	24	2	12	1	1	6	21	5	9	4	29	3	17	
500 et 1200	1 9 0 0	1	5	7	25	8	13	5	2	3	22	2	10	1	30	7	18	5	7	4	27	
	1 9 1 0	3	15	2	4	7	24	6	12	5	1	4	21	2	9	1	29	7	17	6	5	
	1 9 2 0	4	25	3	13	2	2	1	22	6	10	5	30	4	18	3	7	1	27	7	15	
	1 9 3 0	6	4	5	24	3	12	2	1	7	21	6	9	5	29	4	17	3	5	2	25	
	1 9 4 0	7	13	6	2	5	22	4	10	2	30	1	18	7	7	6	27	4	15	3	4	
	1 9 5 0	2	24	1	12	6	1	5	21	4	9	3	29	1	17	7	5	6	25	5	13	
	1 9 6 0	3	2	2	22	1	10	7	30	5	18	4	7	3	27	2	15	1	4	6	24	
	1 9 7 0	5	12	4	1	2	21	1	9	7	29	6	17	4	5	3	25	2	13	1	2	
	1 9 8 0	6	22	5	30	4	30	3	18	1	7	7	27	6	15	5	4	3	24	2	12	
	1 9 9 0	1	1	7	21	5	9	4	29	3	17	2	5	7	25	6	13	5	2	4	22	
600 et 1300	2 0 0 0	2	10	1	30	7	18	6	7	4	27	3	15	2	4	1	24	6	12	5	1	
	2 0 1 0	4	21	3	9	1	29	7	17	6	5	5	25	3	13	2	2	1	22	7	10	
	2 0 2 0	5	30	4	18	3	7	2	27	7	15	6	4	5	24	4	12	2	1	1	21	
	2 0 3 0	7	9	6	29	4	17	3	5	2	25	1	13	6	2	5	22	4	10	3	30	
	2 0 4 0	1	18	7	7	6	27	5	15	3	4	2	24	1	12	7	1	5	21	4	9	
	2 0 5 0	3	29	2	17	7	5	6	25	5	13	4	2	2	22	1	10	7	30	6	18	
	2 0 6 0	4	1	3	21	2	15	1	4	6	24	5	12	4	1	3	21	1	9	7	29	
	2 0 7 0	6	17	5	5	3	25	2	13	1	2	7	22	5	10	4	30	3	18	2	7	
	2 0 8 0	7	27	6	15	4	4	3	24	2	12	1	1	7	21	6	9	4	29	3	17	
	2 0 9 0	2	5	1	25	6	13	5	2	4	22	3	10	1	30	7	18	6	7	5	27	

ctéristiques

ien).

Siècles de même caractérque D.	Dizaines d'années	0 D	0 L	1 D	1 L	2 D	2 L	3 D	3 L	4 D	4 L	5 D	5 L	6 D	6 L	7 D	7 L	8 D	8 L	9 D	9 L	
0 et 7 0 0	1 4 0 0	3	12	2	1	1	21	7	9	5	29	4	17	3	5	2	25	7	13	6	2	
	1 4 1 0	5	22	4	10	2	30	1	18	7	7	6	27	4	15	3	4	2	24	1	12	
	1 4 2 0	6	1	5	21	4	9	3	29	1	17	7	5	6	25	5	13	3	2	2	22	Charles VII
	1 4 3 0	1	10	7	30	5	18	4	7	3	27	2	15	7	4	6	24	5	12	4	1	
	1 4 4 0	2	21	1	9	7	29	6	17	4	5	3	25	2	13	1	2	6	22	5	10	
	1 4 5 0	4	30	3	18	1	7	7	27	6	15	5	4	3	24	2	12	1	1	7	21	
	1 4 6 0	5	9	4	29	3	17	2	5	7	25	6	13	5	2	4	22	2	10	1	30	Louis XI
	1 4 7 0	7	18	6	7	4	27	3	15	2	4	1	24	6	12	5	1	4	21	3	9	
	1 4 8 0	1	29	7	17	6	5	5	25	3	13	2	2	1	22	7	10	5	30	4	18	Charles VIII
	1 4 9 0	3	7	2	27	7	15	6	4	5	24	4	12	2	1	1	21	7	9	6	29	Louis XII
1 0 0 et 8 0 0	1 5 0 0	4	17	3	5	2	25	1	13	6	2	5	22	4	10	3	30	1	18	7	7	
	1 5 1 0	6	27	5	15	3	4	2	24	1	12	7	1	5	21	4	9	3	29	2	17	François Ier
	1 5 2 0	7	5	6	25	5	13	4	2	2	22	1	10	7	30	6	18	4	7	3	27	
	1 5 3 0	2	15	1	4	6	24	5	12	4	1	3	21	1	9	7	29	6	17	5	5	
	1 5 4 0	3	25	2	13	1	2	7	22	5	10	4	30	3	18	2	7	7	27	6	15	Henri II
	1 5 5 0	5	4	4	24	2	12	1	1	7	21	6	9	4	29	3	17	2	5	1	25	François II
	1 5 6 0	6	13	5	2	4	22	3	10	1	30	7	18	6	7	5	27	3	15	2	4	Charles IX
	1 5 7 0	1	24	7	12	5	1	4	21	3	9	2	29	7	17	6	5	5	25	4	13	Henri III
	1 5 8 0	2	2	1	22	7	10	6	30	4	18	3	7	2	27	1	15	6	4	5	24	Henri IV
	1 5 9 0	4	12	3	1	1	21	7	9	6	29	5	17	3	5	2	25	1	13	7	2	
2 0 0 et 9 0 0	1 6 0 0	5	22	4	10	3	30	2	18	7	7	6	27	5	15	4	4	2	24	1	12	
	1 6 1 0	7	1	6	21	4	9	3	29	2	17	1	5	6	25	5	13	4	2	3	22	Louis XIII
	1 6 2 0	1	10	7	30	6	18	5	7	3	27	2	15	1	4	7	24	5	12	4	1	
	1 6 3 0	3	21	2	9	7	29	6	17	5	5	4	25	2	13	1	2	7	22	6	10	
	1 6 4 0	4	30	3	18	2	7	1	27	6	15	5	4	4	24	3	12	1	1	7	21	Louis XIV
	1 6 5 0	6	9	5	29	3	17	2	5	1	25	7	13	5	2	4	22	3	10	2	30	
	1 6 6 0	7	18	6	7	5	27	4	15	2	4	1	24	7	12	6	1	4	21	3	9	
	1 6 7 0	2	29	1	17	6	5	5	25	4	13	3	2	1	22	7	10	6	30	5	18	
	1 6 8 0	3	7	2	27	1	15	7	4	5	24	4	12	3	1	2	21	7	9	6	29	
	1 6 9 0	5	17	4	5	2	25	1	13	7	2	6	22	4	10	3	30	2	18	1	7	
3 0 0 et 1 0 0 0	1 7 0 0	6	27	5	15	4	4	3	24	1	12	7	1	6	21	5	9	3	29	2	17	
	1 7 1 0	1	5	7	25	5	13	4	2	3	22	2	10	7	30	6	18	5	7	4	27	Louis XV
	1 7 2 0	2	15	1	4	7	24	6	12	4	1	3	21	2	9	1	29	6	17	5	5	
	1 7 3 0	4	25	3	13	1	2	6	10	5	30	3	18	2	7	1	27	[illegible]	[illegible]	7	15	
	1 7 4 0	5	4	4	24	3	12	2	1	7	21	6	9	5	29	4	17	2	5	1	25	
	1 7 5 0	7	13	6	2	4	22	3	10	2	30	1	18	6	7	5	27	4	15	3	4	
	1 7 6 0	1	24	7	12	6	1	5	21	3	9	2	29	1	17	7	5	5	25	4	13	
	1 7 7 0	3	2	2	22	7	10	6	30	5	18	4	7	2	27	1	15	7	4	6	24	Louis XVI
	1 7 8 0	4	12	3	1	2	21	1	9	6	29	5	17	4	5	3	25	1	13	7	2	
	1 7 9 0	6	22	5	10	3	30	2	18	1	7	7	27	5	15	4	4	3	24	2	12	République
4 0 0 et 1 1 0 0	1 8 0 0	7	1	6	21	5	9	4	29	2	17	1	5	7	25	6	13	4	2	3	22	Napoléon Ier
	1 8 1 0	2	10	1	30	6	18	5	7	4	27	3	15	1	4	7	24	6	12	5	1	Louis XVIII
	1 8 2 0	3	21	2	9	1	29	7	17	5	5	4	25	3	13	2	2	7	22	6	10	Charles X
	1 8 3 0	5	30	4	18	2	7	1	27	7	15	6	4	4	24	3	12	2	1	1	21	Louis-Philippe
	1 8 4 0	6	9	5	29	4	17	3	5	1	25	7	13	6	2	5	22	3	10	2	30	République
	1 8 5 0	1	18	7	7	5	27	4	15	3	4	2	24	7	12	6	1	5	21	4	9	Napoléon III
	1 8 6 0	2	29	1	17	7	5	6	25	4	13	3	2	2	22	1	10	6	30	5	18	
	1 8 7 0	4	7	3	27	1	15	7	4	6	24	5	12	3	1	2	21	1	9	7	29	République
	1 8 8 0	5	17	4	5	3	25	2	13	7	2	6	22	5	10	4	30	2	18	1	7	
	1 8 9 0	7	27	6	15	4	4	3	24	2	12	1	1	6	21	5	9	4	29	3	17	
5 0 0 et 1 2 0 0	1 9 0 0	1	5	7	25	6	13	5	2	3	22	2	10	1	30	7	18	5	7	4	27	
	1 9 1 0	3	15	2	4	7	24	6	12	5	1	4	21	2	9	1	29	7	17	6	5	
	1 9 2 0	4	25	3	13	2	2	1	22	6	10	5	30	4	18	3	7	1	27	7	15	
	1 9 3 0	6	4	5	24	3	12	2	1	1	21	7	9	5	29	4	17	3	5	2	25	
	1 9 4 0	7	13	6	2	5	22	4	10	2	30	1	18	7	7	6	27	4	15	3	4	
	1 9 5 0	2	24	1	12	6	1	5	21	4	9	3	29	1	17	7	5	6	25	5	13	
	1 9 6 0	3	2	2	22	1	10	7	30	5	18	4	7	3	27	2	15	7	4	6	24	
	1 9 7 0	5	12	4	1	2	21	1	9	7	29	6	17	4	5	3	25	2	13	1	2	
	1 9 8 0	6	22	5	10	4	30	3	18	1	7	7	27	6	15	5	4	3	24	2	12	
	1 9 9 0	1	1	7	21	5	9	4	29	3	17	2	5	7	25	6	13	5	2	4	22	
6 0 0 et 1 3 0 0	2 0 0 0	2	10	1	30	7	18	6	7	4	27	3	15	2	4	1	24	6	12	5	1	
	2 0 1 0	4	21	3	9	1	29	7	17	6	5	5	25	3	13	2	2	1	22	7	10	
	2 0 2 0	5	30	4	18	3	7	2	27	7	15	6	4	5	24	4	12	2	1	1	21	
	2 0 3 0	7	9	6	29	4	17	3	5	2	25	1	13	6	2	5	22	4	10	3	30	
	2 0 4 0	1	16	7	7	6	27	5	15	3	4	2	24	1	12	7	1	5	21	4	9	
	2 0 5 0	3	29	2	17	7	5	6	25	5	13	4	2	2	22	1	10	7	30	6	18	
	2 0 6 0	4	7	3	27	2	15	1	4	6	24	5	12	4	1	3	21	1	9	7	29	
	2 0 7 0	6	17	5	5	3	25	2	13	1	2	7	22	5	10	4	30	3	18	2	7	
	2 0 8 0	7	27	6	15	5	4	4	24	2	12	1	1	7	21	6	9	4	29	3	17	
	2 0 9 0	2	5	1	25	6	13	5	2	4	22	3	10	1	30	7	18	6	7	5	27	

Échelle mobile: 1 2 3 4 5 6 7 8 9 10 11 12 13 14 15 16 17 18 19 20 21 22 23 24 25 26 27 28 29 30 31

2		3		4		5		6		7		8		9		Règne
D	L	D	L	D	L	D	L	D	L	D	L	D	L	D	L	
1	21	7	9	5	29	4	17	3	5	2	25	7	13	6	2	
2	30	1	18	7	7	6	27	4	15	3	4	2	24	1	12	Charles VII
4	9	3	29	1	17	7	5	6	25	5	13	3	2	2	22	
5	18	4	7	3	27	2	15	7	4	6	24	5	12	4	1	
7	29	6	17	4	5	3	25	2	13	1	2	6	22	5	10	
1	7	7	27	6	15	5	4	3	24	2	12	1	1	7	21	Louis XI
3	17	2	5	7	25	6	13	5	2	4	22	2	10	1	30	
4	27	3	15	2	4	1	24	6	12	5	1	4	21	3	9	Charles VIII
6	5	5	25	3	13	2	2	1	22	7	10	5	30	4	18	Louis XII
7	15	6	4	5	24	4	12	2	1	1	21	7	9	6	29	
2	25	1	13	6	2	5	22	4	10	3	30	1	18	7	7	François Ier
3	4	2	24	1	12	7	1	5	21	4	9	3	29	2	17	
5	13	4	2	2	22	1	10	7	30	6	18	4	7	3	27	
6	24	5	12	4	1	3	21	1	9	7	29	6	17	5	5	Henri II
1	2	7	22	5	10	4	30	3	18	2	7	7	27	6	15	François II
2	12	1	1	7	21	6	9	4	29	3	17	2	5	1	25	Charles IX
4	22	3	10	1	30	7	18	6	7	5	27	3	15	2	4	Henri III
5	1	4	21	3	9	2	29	7	17	6	5	5	25	4	13	Henri IV
7	10	6	30	4	18	3	7	2	27	1	15	6	4	5	24	
1	21	7	9	6	29	5	17	3	5	2	25	1	13	7	2	
3	30	2	18	7	7	6	27	5	15	4	4	2	24	1	12	Louis XIII
4	9	3	29	2	17	1	5	6	25	5	13	4	2	3	22	
6	18	5	7	3	27	2	15	1	4	7	24	5	12	4	1	
7	29	6	17	5	5	4	25	2	13	1	2	7	22	6	10	Louis XIV
2	7	1	27	6	15	5	4	4	24	3	12	1	1	7	21	
3	17	2	5	1	25	7	13	5	2	4	22	3	10	2	30	
5	27	4	15	2	4	1	24	7	12	6	1	4	21	3	9	
6	5	5	25	4	13	3	2	1	22	7	10	6	30	5	18	
1	15	7	4	5	24	4	12	3	1	2	21	7	9	6	29	
2	25	1	13	7	2	6	22	4	10	3	30	2	18	1	7	
4	4	3	24	1	12	7	1	6	21	5	9	3	29	2	17	Louis XV
5	13	4	2	3	22	2	10	7	30	6	18	5	7	4	27	
7	24	6	12	4	1	3	21	2	9	1	29	6	17	5	5	
1	2	7	22	6	10	5	30	3	18	2	7	1	27	7	15	
3	12	2	1	7	21	6	9	5	29	4	17	2	5	1	25	
4	22	3	10	2	30	1	18	6	7	5	27	4	15	3	4	
6	1	5	21	3	9	2	29	1	17	7	5	5	25	4	13	Louis XVI
7	10	6	30	5	18	4	7	2	27	1	15	7	4	6	24	
2	21	1	9	6	29	5	17	4	5	3	25	1	13	7	2	République
3	30	2	18	1	7	7	27	5	15	4	4	3	24	2	12	
5	9	4	29	2	17	1	5	7	25	6	13	4	2	3	22	Napoléon Ier
6	18	5	7	4	27	3	15	1	4	7	24	6	12	5	1	Louis XVIII
1	29	7	17	5	5	4	25	3	13	2	2	7	22	6	10	Charles X
2	7	1	27	7	15	6	4	4	24	3	12	2	1	1	21	Louis-Philippe
4	17	3	5	1	25	7	13	6	2	5	22	3	10	2	30	République
5	27	4	15	3	4	2	24	7	12	6	1	5	21	4	9	Napoléon III
7	5	6	25	4	13	3	2	2	22	1	10	6	30	5	18	
1	15	7	4	6	24	5	12	3	1	2	21	1	9	7	29	République
3	25	2	13	7	2	6	22	5	10	4	30	2	18	1	7	
4	4	3	24	2	12	1	1	6	21	5	9	4	29	3	17	
6	13	5	2	3	22	2	10	1	30	7	18	5	7	4	27	
7	24	6	12	5	1	4	21	2	9	1	29	7	17	6	5	
2	2	1	22	6	10	5	30	4	18	3	7	1	27	7	15	
3	12	2	1	1	21	7	9	5	29	4	17	3	5	2	25	
5	22	4	10	2	30	1	18	7	7	6	27	4	15	3	4	
6	1	5	21	4	9	3	29	1	17	7	5	6	25	5	13	
1	10	7	30	5	18	4	7	3	27	2	15	7	4	6	24	
2	21	1	9	7	29	6	17	4	5	3	25	2	13	1	2	
4	30	3	18	1	7	7	27	6	15	5	4	3	24	2	12	
5	9	4	29	3	17	2	5	7	25	6	13	5	2	4	22	
7	18	6	7	4	27	3	15	2	4	1	24	6	12	5	1	
1	29	7	17	6	5	5	25	3	13	2	2	1	22	7	10	
3	7	2	27	7	15	6	4	5	24	4	12	2	1	1	21	
4	17	3	5	2	25	1	13	6	2	5	22	4	10	3	30	
6	27	5	15	3	4	2	24	1	12	7	1	5	21	4	9	
7	5	6	25	5	13	4	2	2	22	1	10	7	30	6	18	
2	15	1	4	6	24	5	12	4	1	3	21	1	9	7	29	
3	25	2	13	1	2	7	22	5	10	4	30	3	18	2	7	
5	4	4	24	2	12	1	1	7	21	6	9	4	29	3	17	
6	13	5	2	4	22	3	10	1	30	7	18	6	7	5	27	

Barême des caractéristiques
(Style julien).

Premier tableau — Dizaines d'années : 0 1 2 3 4 5 6 7 8 9 (colonnes L). Lignes indexées par dizaines d'années (00 à 69). Rois annotés en marge :

- Pharamond, Clodion, Mérovée, Childéric Ier
- Clovis Ier
- Childebert Ier
- Clotaire Ier, Caribert, Chilpéric Ier, Clotaire II
- Dagobert Ier, Clovis II
- Clotaire III
- Childéric II, Thierry Ier, Clovis III

Deuxième tableau — Dizaines d'années : 0 1 2 3 4 5 6 7 8 9 (colonnes L). Lignes indexées par dizaines d'années (70 à 139). Rois annotés en marge :

- Childéric III, Dagobert II, Chilpéric II, Thierry II, Childéric III, Pépin le Bref, Carloman, Charlemagne
- Louis Ier
- Charles II
- Louis II, Louis III, Eudes, Charles III
- Robert Ier, Louis IV, Lothaire, Louis V, Hugues Capet, Robert II
- Henri Ier, Philippe Ier
- Louis VI, Louis VII, Philippe II
- Louis VIII, Louis IX, Philippe III, Philippe IV
- Louis X, Philippe V, Charles IV, Philippe VI, Jean II, Charles V, Charles VI

Troisième tableau — Siècles de même caractéristique D. ; Dizaines d'années ; colonnes 0 1 2 3 4 5 6 7 8 9, chacune subdivisée en D L.

Siècles de même caractéristique D.	Rois
0 et 700	Charles VII
100 et 800	Louis XI ; Charles VIII, Louis XII ; François Ier ; Henri II, François II, Charles IX, Henri III, Henri IV
200 et 900	Louis XIII ; Louis XIV
300 et 1000	Louis XV
400 et 1100	Louis XVI ; République ; Napoléon Ier, Louis XVIII, Charles X, Louis-Philippe, République, Napoléon III ; République
500 et 1200	
600 et 1300	

Barême des caractéristiques
(Style grégorien).

Dizaines d'années	0 D	0 L	1 D	1 L	2 D	2 L	3 D	3 L	4 D	4 L	5 D	5 L	6 D	6 L	7 D	7 L	8 D	8 L	9 D	9 L	
1 5 8 0					3		2	6	7:	26	6	14	5	3	4	23	2:	11	1	31	Henri IV
1 5 9 0	7	18	6	8	4:	28	3	16	2	5	1	25	6:	12	5	1	4	21	3	9	
1 6 0 0	1:	29	7	17	6	6	5	26	3:	14	2	3	1	23	7	11	5:	31	4	18	
1 6 1 0	3	8	2	28	1:	16	6	5	5	25	4	12	2:	1	1	21	7	9	6	29	Louis XIII
1 6 2 0	4:	17	3	6	2	26	1	14	6:	3	5	23	4	11	3	31	1:	18	7	8	
1 6 3 0	6	28	5	16	3:	5	2	25	1	12	7	1	5:	21	4	9	3	29	2	17	Louis XIV
1 6 4 0	7:	6	6	26	5	14	4	3	2:	23	1	11	7	31	6	18	4:	8	3	28	
1 6 5 0	2	16	1	5	6:	25	5	12	4	1	3	21	1:	9	7	29	6	17	5	6	
1 6 6 0	3:	26	2	14	1	3	7	23	5:	11	4	31	3	18	2	8	7:	28	6	16	
1 6 7 0	5	5	4	25	2:	12	1	1	7	21	6	9	4:	29	3	17	2	6	1	26	
1 6 8 0	6:	14	5	3	4	23	3	11	1:	31	7	18	6	8	5	28	3:	18	2	5	
1 6 9 0	1	25	7	12	5:	1	4	21	3	9	2	29	7:	17	6	6	5	26	4	14	
1 7 0 0	3	4	2	24	1	12	7	1	5:	21	4	9	3	29	2	17	7:	6	6	26	
1 7 1 0	5	13	4	2	2:	22	1	10	7	30	6	18	4:	7	3	27	2	15	1	4	Louis XV
1 7 2 0	6:	24	5	12	4	1	3	21	1:	9	7	29	6	17	5	6	3:	26	2	13	
1 7 3 0	1	2	7	22	5:	10	4	30	3	18	2	7	7:	27	6	15	5	4	4	24	
1 7 4 0	2:	12	1	1	7	21	6	9	4:	29	3	17	2	6	1	26	6:	13	5	2	
1 7 5 0	4	22	3	10	1:	30	7	18	6	7	5	27	3:	15	2	4	1	24	7	12	
1 7 6 0	5:	1	4	21	3	9	2	29	7:	17	6	6	5	26	4	13	2:	2	1	22	
1 7 7 0	7	10	6	30	4:	18	3	7	2	27	1	15	6:	4	5	24	4	12	3	1	Louis XVI
1 7 8 0	1:	21	7	9	6	29	5	17	3:	6	2	26	1	13	7	2	5:	22	4	10	
1 7 9 0	3	30	2	18	7:	7	6	27	5	15	4	4	2:	24	1	12	7	1	6	21	République
1 8 0 0	5	9	4	29	3	17	2	6	7:	26	6	13	5	2	4	22	2:	10	1	30	Napoléon Ier
1 8 1 0	7	18	6	7	4:	27	3	15	2	4	1	24	6:	12	5	1	4	21	3	9	Louis XVIII
1 8 2 0	1:	29	7	17	6	6	5	26	3:	13	2	2	1	22	7	10	5:	30	4	18	Charles X
1 8 3 0	3	7	2	27	7:	15	6	4	5	24	4	12	2:	1	1	21	7	9	6	29	Louis-Philippe
1 8 4 0	4:	17	3	6	2	26	1	13	6:	2	5	22	4	10	3	30	1:	18	7	7	République
1 8 5 0	6	27	5	15	3:	4	2	24	1	12	7	1	5:	21	4	9	3	29	2	17	Napoléon III
1 8 6 0	7:	6	6	26	5	13	4	2	2:	22	1	10	7	30	6	18	4:	7	3	27	
1 8 7 0	2	15	1	4	6:	24	5	12	4	1	3	21	1:	9	7	29	6	17	5	6	République
1 8 8 0	3:	26	2	13	1	2	7	22	5:	10	4	30	3	18	2	7	7:	27	6	15	
1 8 9 0	5	4	4	24	2:	12	1	1	7	21	6	9	4:	29	3	17	2	6	1	26	
1 9 0 0	7	14	6	3	5	23	4	11	2:	31	1	18	7	8	6	28	4:	16	3	5	
1 9 1 0	2	25	1	13	6:	2	5	22	4	10	3	30	1:	11	7	7	6	27	5	14	
1 9 2 0	3:	3	2	23	1	11	7	31	5:	18	4	8	3	28	2	16	7:	5	6	25	
1 9 3 0	5	13	4	2	2:	22	1	10	7	31	6	17	4:	7	3	27	2	14	1	3	
1 9 4 0	6:	23	5	11	4	31	3	18	1:	8	7	28	6	16	5	5	3:	25	2	13	
1 9 5 0	1	2	7	22	5:	10	4	30	3	17	2	7	7:	27	6	14	5	3	4	23	
1 9 6 0	2:	11	1	31	7	18	6	8	4:	28	3	16	2	5	1	25	6:	13	5	2	
1 9 7 0	4	22	3	10	1:	30	7	17	6	7	5	27	3:	14	2	3	1	23	7	11	
1 9 8 0	5:	31	4	18	3	8	2	28	7:	16	6	5	5	25	4	13	2:	2	1	22	
1 9 9 0	7	10	6	30	4:	17	3	7	2	27	1	14	6:	3	5	23	4	11	3	31	
2 0 0 0	1:	18	7	9	6	29	5	17	3:	6	2	26	1	14	7	3	5:	23	4	11	
2 0 1 0	3	31	2	18	7:	8	6	28	5	15	4	4	2:	24	1	12	7	1	6	16	
2 0 2 0	4:	9	3	29	2	17	1	6	6:	26	5	14	4	3	3	23	1:	11	7	31	
2 0 3 0	6	18	5	8	3:	28	2	15	1	4	7	24	5:	12	4	1	3	18	2	9	
2 0 4 0	7:	29	6	17	5	6	4	26	2:	14	1	3	7	23	6	11	4:	31	3	18	
2 0 5 0	2	8	1	28	6:	15	5	4	4	24	3	12	1:	1	7	18	6	9	5	29	
2 0 6 0	3:	17	2	6	1	28	7	14	5:	3	4	23	3	11	2	31	7:	18	6	8	
2 0 7 0	5	28	4	15	2:	4	1	24	7	12	6	1	4:	18	3	8	2	29	1	17	
2 0 8 0	6:	6	5	26	4	14	3	3	1:	23	7	11	6	31	5	18	3:	8	2	28	
2 0 9 0	1	15	7	4	5:	24	4	12	3	1	2	18	7:	9	6	29	5	17	4	6	

CALENDRIER PERPÉTUEL
julien et grégorien.

N° 1	2	3	4	5	6	7	Mars	Avril	Mai	Juin	Juillet	Août	Septembre	Octobre	Novembre	Décembre	Janvier	Février	Échelle mobile
						1	J	D	M	V	D	M	S	L	J	S	M	V	
					1	2	V	L	M	S	L	J	D	M	V	D	M	S	
				1	2	3	S	M	J	D	M	V	L	M	S	L	J	D	
			1	2	3	4	D	M	V	L	M	S	M	J	D	M	V	L	
		1	2	3	4	5	L	J	S	M	J	D	M	V	L	M	S	M	
	1	2	3	4	5	6	M	V	D	M	V	L	J	S	M	J	D	M	
1	2	3	4	5	6	7	M	S	L	J	S	M	V	D	M	V	L	J	
2	3	4	5	6	7	8	J	D	M	V	D	M	S	L	J	S	M	V	
3	4	5	6	7	8	9	V	L	M	S	L	J	D	M	V	D	M	S	
4	5	6	7	8	9	10	S	M	J	D	M	V	L	M	S	L	J	D	
5	6	7	8	9	10	11	D	M	V	L	M	S	M	J	D	M	V	L	
6	7	8	9	10	11	12	L	J	S	M	J	D	M	V	L	M	S	M	
7	8	9	10	11	12	13	M	V	D	M	V	L	J	S	M	J	D	M	
8	9	10	11	12	13	14	M	S	L	J	S	M	V	D	M	V	L	J	
9	10	11	12	13	14	15	J	D	M	V	D	M	S	L	J	S	M	V	
10	11	12	13	14	15	16	V	L	M	S	L	J	D	M	V	D	M	S	
11	12	13	14	15	16	17	S	M	J	D	M	V	L	M	S	L	J	D	
12	13	14	15	16	17	18	D	M	V	L	M	S	M	J	D	M	V	L	
13	14	15	16	17	18	19	L	J	S	M	J	D	M	V	L	M	S	M	
14	15	16	17	18	19	20	M	V	D	M	V	L	J	S	M	J	D	M	
15	16	17	18	19	20	21	M	S	L	J	S	M	V	D	M	V	L	J	
16	17	18	19	20	21	22	J	D	M	V	D	M	S	L	J	S	M	V	
17	18	19	20	21	22	23	V	L	M	S	L	J	D	M	V	D	M	S	
18	19	20	21	22	23	24	S	M	J	D	M	V	L	M	S	L	J	D	
19	20	21	22	23	24	25	D	M	V	L	M	S	M	J	D	M	V	L	
20	21	22	23	24	25	26	L	J	S	M	J	D	M	V	L	M	S	M	
21	22	23	24	25	26	27	M	V	D	M	V	L	J	S	M	J	D	M	
22	23	24	25	26	27	28	M	S	L	J	S	M	V	D	M	V	L	J	
23	24	25	26	27	28	29	J	D	M	V	D	M	S	L	J	S	M	V	
24	25	26	27	28	29	30	V	L	M	S	L	J	D	M	V	D	M	S	
25	26	27	28	29	30	31	S	M	J	D	M	V	L	M	S	L	J	D	
26	27	28	29	30	31		D	M	V	L	M	S	M	J	D	M	V	L	
27	28	29	30	31			L	J	S	M	J	D	M	V	L	M	S	M	
28	29	30	31				M	V	D	M	V	L	J	S	M	J	D	M	
29	30	31					M	S	L	J	S	M	V	D	M	V	L	×	
30	31						J	D	M	V	D	M	S	L	J	S	M	×	
31							V	×	M	×	L	J	×	M	×	D	M	×	

Échelle mobile (voir au dos).

On découpe l'échelle suivant son rectangle extérieur, puis on plie le papier sur les deux lignes verticales ; on obtient alors une languette triple, dont on abat les angles afin que les bouts, ainsi rétrécis, passent plus aisément dans les deux entailles horizontales tracées en haut et en bas de la dernière colonne du calendrier.

H. Marion, Sc.

DRIER PERPÉTUEL
ien et grégorien.

Mars	Avril	Mai	Juin	Juillet	Août	Septembre	Octobre	Novembre	Décembre	Janvier	Février	Échelle mobile
J	D	M	V	D	M	S	L	J	S	M	V	
V	L	M	S	L	J	D	M	V	D	M	S	
S	M	J	D	M	V	L	M	S	L	J	D	
D	M	V	L	M	S	M	J	D	M	V	L	
L	J	S	M	J	D	M	V	L	M	S	M	
M	V	D	M	V	L	J	S	M	J	D	M	
-M	S	L	J	S	M	V	-D-	M	V	L	J-	
J	D	M	V	D	M	S	L	J	S	M	V	
V	L	M	S	L	J	D	M	V	D	M	S	
S	M	J	D	M	V	L	M	S	L	J	D	
D	M	V	L	M	S	M	J	D	M	V	L	
L	J	S	M	J	D	M	V	L	M	S	M	
M	V	D	M	V	L	J	S	M	J	D	M	
M	S	L	J	S	M	V	D	M	V	L	J	
J	D	M	V	D	M	S	L	J	S	M	V	
V	L	M	S	L	J	D	M	V	D	M	S	
S	M	J	D	M	V	L	M	S	L	J	D	
D	M	V	L	M	S	M	J	D	M	V	L	
L	J	S	M	J	D	M	V	L	M	S	M	
M	V	D	M	V	L	J	S	M	J	D	M	
M	S	L	J	S	M	V	D	M	V	L	J	
J	D	M	V	D	M	S	L	J	S	M	V	
V	L	M	S	L	J	D	M	V	D	M	S	
S	M	J	D	M	V	L	M	S	L	J	D	
D	M	V	L	M	S	M	J	D	M	V	L	
L	J	S	M	J	D	M	V	L	M	S	M	
M	V	D	M	V	L	J	S	M	J	D	M	
M	S	L	J	S	M	V	D	M	V	L	J	
J	D	M	V	D	M	S	L	J	S	M	V	
V	L	M	S	L	J	D	M	V	D	M	S	
S	M	J	D	M	V	L	M	S	L	J	D	
D	M	V	L	M	S	M	J	D	M	V	L	
L	J	S	M	J	D	M	V	L	M	S	M	
M	V	D	M	V	L	J	S	M	J	D	M	
M	S	L	J	S	M	V	D	M	V	L	J	
J	D	M	V	D	M	S	L	J	S	M	V	
V	☒	M	☒	L	J	☒	M	☒	D	M	☒	

Échelle mobile (voir au dos).

On découpe l'échelle suivant son rectangle extérieur, puis on plie le papier sur les deux lignes verticales ; on obtient alors une languette triple, dont on abat les angles afin que les bouts, ainsi rétrécis, passent plus aisément dans les deux entailles horizontales tracées en haut et en bas de la dernière colonne du calendrier.

E. Morieu, Sc.

R. PERPÉTUEL.

ASSOCIATION FRANÇAISE
POUR L'AVANCEMENT DES SCIENCES

EXTRAIT DES STATUTS ET RÈGLEMENT

STATUTS

Art. 4. — Les membres de l'Association sont admis, sur leur demande, par le Conseil.

Art. 5. — Sont membres de l'Association les personnes qui versent la cotisation annuelle. Cette cotisation peut toujours être rachetée par une somme versée une fois pour toutes. Le taux de la cotisation et celui du rachat sont fixés par le Règlement.

Art. 6. — Sont membres fondateurs les personnes qui ont versé, à une époque quelconque, une ou plusieurs souscriptions de 500 francs.

Art. 7. — Tous les membres jouissent des mêmes droits. Toutefois, les noms des membres fondateurs figurent perpétuellement en tête des listes alphabétiques, et ces membres reçoivent gratuitement, pendant toute leur vie, autant d'exemplaires des publications de l'Association qu'ils ont versé de fois la souscription de 500 francs.

RÈGLEMENT

Article premier. — Le taux de la cotisation annuelle des membres non fondateurs est fixé à 20 francs.

Art. 2. — Tout membre a le droit de racheter ses cotisations à venir en versant, une fois pour toutes, la somme de 200 francs. Il devient ainsi membre à vie.

Il sera loisible de racheter les cotisations par deux versements annuels consécutifs de 100 francs.

Les membres ayant payé pendant vingt années consécutives la cotisation annuelle de 20 francs pourront racheter les cotisations à venir moyennant un seul versement de 100 francs.

Tout membre qui pendant dix années consécutives aura versé annuellement une somme de 10 francs en sus de la cotisation annuelle sera libéré de tout versement ultérieur.

La liste alphabétique des membres à vie est publiée en tête de chaque volume, immédiatement après la liste des membres fondateurs.

Les membres ayant racheté leurs cotisations pourront devenir membres fondateurs en versant une somme complémentaire de 300 francs.

Les souscriptions des membres fondateurs peuvent être versées en une seule fois ou en deux versements annuels consécutifs de 250 francs.

Les souscriptions sont reçues :
Au Secrétariat, 28, rue Serpente, à Paris.

IMPRIMERIE CHAIX, RUE BERGÈRE, 20, PARIS. — 6922-5-95.